很大
很大的
大问题
关于时空

北京麦克米伦世纪咨询服务有限公司
北京市海淀区花园路甲 13 号院 7 号楼庚坊国际 10 层
邮编：100088　电话：010-82093837
新浪官方微博：@麦克米伦世纪出版

麦克米伦世纪童书

图书在版编目（CIP）数据

关于时空 /（英）布雷克编文；（英）乔克西绘；杨海霞译.
－－南昌：二十一世纪出版社，2014.8
（很大很大的大问题）
ISBN 978-7-5391-9661-9

Ⅰ.①关… Ⅱ.①布…②乔…③杨… Ⅲ.①地外生命－少儿读物 Ⅳ.① Q693-49

中国版本图书馆 CIP 数据核字 (2014) 第 113022 号

REALLY REALLY BIG QUESTIONS ABOUT SPACE AND TIME
First published 2010 by Kingfisher
Really Really Big Questions about Space and Time
by Mark Brake, Nishant Choksi
Copyright © Macmillan Publishers Ltd 2010
Illustrations © Nishant Choksi 2010
All rights reserved.

版权合同登记号 14-2013-432

很大很大的大问题：关于时空

[英] 马克·布雷克 文　　[英] 尼桑特·乔克西 绘　　杨海霞 译

编辑统筹　魏钢强　责任编辑　杨定安
特约编辑　唐明霞　美术编辑　王晶华
出版发行　二十一世纪出版社（南昌市子安路75号　330009）
www.21cccc.net　cc21@163.com
出版人　张秋林　经销　全国各地书店
印刷　北京尚唐印刷包装有限公司
版次　2014年8月第1版　2014年8月第1次印刷
开本　787×1092　1/12　印张　6
书号　ISBN 978-7-5391-9661-9
定价　39.00元

赣版权登字　04-2014-262　　版权所有，侵权必究
发现印装质量问题，请奇本社图书发行公司调换　0791-86512056

很大
很大的
大问题
关于时空

［英］马克·布雷克 文

［英］尼桑特·乔克西 绘

杨海霞 译

二十一世纪出版社
21st Century Publishing House

目录

第一章
宇宙的成因

第二章
天哪，那巨大的气态球体！

第三章

时间、时间，还是时间

第四章

精彩刺激的未来太空大冒险

前　言

太空究竟是什么样？

马克·布雷克

或许明天，或许十年后，或许一个世纪后，研究人员会得到有史以来最震撼的发现：外星生命存在的证据。外星人居住在什么样的时间和空间里？哪里是他们的幸福家园？

本书包含了类似的若干问题，这些问题能锻炼你的思维能力、让你学会思考。

你可曾抬头仰望天空，在心里琢磨"有宇宙地图吗？"或者"夜空为什么黑漆漆的？"等巴士的时候，你可曾问过自己："时间的速度永远不变吗？"你可曾梦想在另外一个星球上居住，并浮想联翩："外星人长得和我一模一样吗？"这些问题在本书中都有问到。当然，书中还有让你大伤脑筋的其他问题！

在阅读这些问题和我给出答案之前，我想声明一件事：书中有些问题有答案，有些问题没有答案，有些问题的答案在未来或许会改变。

这些都是"科学性"问题。科学知识是不断积累的。当新事物被发现、新观点形成时，科学将被重新改写。我们对事物的看法会随着时间的推移而改变。所以，在任何特定的时刻，科学只能被看作是：

"当前对自然世界最贴切的解释。"

你和我被创造出来的目的是为了在地球上生活。地球是一颗行星——宇宙的一部分。但是，你和我同样也是宇宙的一部分。构成人体的物质在宇宙的另一端也能找到。这些物质或许不是按照相同的顺序组合在一起的，但其本质都一样。

所以，我们可以尝试从这个角度来理解宇宙，从地球开始，从而得出"太空有可能是什么样"的大致概念。但我们无法近距离触摸、品尝、观察或感知宇宙中的万事万物——至少现在还不能。

读完这本书，你会禁不住想："就是这样吗？我们终于弄明白了宇宙的本质？"不过，这个问题的答案是：不尽然。事实上，自认为我们理解宇宙这一行为本身就极不科学。科学的本质是质疑一切——每时每刻，即使我们认为自己的想法是正确的。

谁敢保证，有一天人们不会回顾从前，嘲笑现在我们对宇宙的看法？所以，黄金法则是：别迷信我的话——宇宙就在那里，在你眼前……亲眼去看，仔细去看吧！

1

宇宙的成因

嘣！宇宙出现了。

很多人认为，一场惊天动地的时空大爆炸——宇宙大爆炸——
创造了宇宙。但是，如我们所知，宇宙不是固定不变的——
宇宙每分每秒都在发生变化。此时此刻，当你正在阅读这些
文字的时候，它也在发生变化！

宇宙中有些物体比我们想象的变化得更快。我们了解的知识
越多，提出的问题越多，从我们指缝间悄无声息溜走的宇宙
秘密反而越来越多……

不过，我们不能因此就放弃哦。让我们坚持不懈，继续提出
这些让人大伤脑筋的问题。

为什么宇宙有一个开始？

从地球上，人的肉眼能看到大约5000颗星星。你还能偶尔辨认出星系那奇异而模糊的亮区。星系是恒星的集合体，位于遥远的太空中，深不可测。星系由不计其数的恒星构成。

据天文学家观察，来自这些星系的光颜色偏红。光的这种现象被称为"红移"。红移表示星系正在离我们远去。有"红移"现象的星系远远不止一两个——事实上，所有星系都如此！茫茫宇宙中，不计其数的星系都在红移！

如果所有的星系正在远离彼此，这意味着：在遥不可及的过去，所有星系都曾处在同一位置。

基于以上原因，我们认为：宇宙有一个"开始"。

万事万物是在

同一时间
被创造出来的吗?

我们把宇宙中那些巨大的球状发光体称为"恒星"。从很多方面来说,恒星是构成宇宙的基本单位。

恒星主要由氢构成。恒星在百亿年中持续燃烧着它们的氢气。所以说,我们可观测到的绝大部分宇宙由大量氢构成。事实上,在整个宇宙中,氢占74%,氦占24%,剩下的2%是所有其他元素的总和。

在宇宙形成的瞬间,氢和氦应运而生。至少,我们是这么认为的。宇宙崇尚简单。宇宙中的主要元素简单得只有氢和氦两种。宇宙形成之后的漫长岁月中,其他各种元素才在恒星内部逐渐产生。

换言之,地球上能观测到的所有其他物质都是由所谓的"重元素"构成。没错,包括你皮肤中的碳元素、血液中的铁元素和世界杯奖杯中的金元素——在浩浩荡荡的历史进程中,它们都是由恒星陆陆续续创造出来的。

宇宙是从什么时候开始的?

没有任何事情是"突然"发生的。这是因为光到达人眼需要一定的时间(光速为30万公里/秒)。所以,当你看到猫咪的头被卡在冰箱门里时,这次小事故在若干、若干微秒之前就已经发生了。

因此,从某种意义上来说,你的猫咪在进行时间旅行!

同样的道理,我们可以把观测星星看作是某种形式的时间旅行。

宇宙浩瀚无垠。从遥远的宇宙边际出发,光需要超过地球年龄两倍的时间才能到达地球上的天文望远镜。光穿越浩瀚的太空需要很长的时间,所以宇宙中的万事万物都有一个"回溯时间"。

我们看得越远,所看到的物体其年代就越久远。人类目前所知宇宙最远端天体,其"回溯时间"是137.5亿年,所以我们就用这个数值来标志时间的开始。

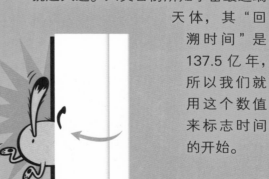

究竟该怎样描述我们这个宇宙？

最简单的答案是：观测星星。

古往今来，人们一直观察星星。古时候，人们根据星斗的位置变化来确定季节、进行耕作。多少个世纪以来，人们一直利用星斗来导航。

观察星星曾经是人们生活中很重要的一部分，现在依然是。

当我们观测夜空时，一切事物的活动似乎都以地球为中心。夜晚来临，恒星、行星和星系从东方升起，然后从西方落下。到了白天，太阳从东方升起，然后从西方落下。因此，很容易产生这种错觉：地球是宇宙的中心！

后来，人们发现这只不过是一种假象。事实上，地球在围绕地轴自转的同时，还围绕太阳公转。

天文学是关于宇宙的科学研究方法。它告诉人们：地球不是宇宙的中心。类似地球的星体还有很多，构成地球的物质在宇宙其他地方也能找到。太阳也没有人们想象中那么特别，它也不是宇宙的中心，也不是唯一有行星环绕的恒星。如今，我们明白，太阳终会有燃烧殆尽的一天。

那么，我们的银河系呢？不是！银河系也不是宇宙的中心。我们用天文望远镜能观测到的星系有 1000 亿个。这些星系漂浮在不断膨胀的宇宙中。银河系只不过是其中一个不起眼的小星系。老天！说不定还存在其他宇宙！谁敢说，我们所处的这个宇宙就是唯一的呢？

所有这些伟大的发现都是从宇宙中的一个点——地球上观测到的。地球只不过是茫茫宇宙中的一颗微尘罢了。这样想来，真的是太神奇了！

科学出现之前，我

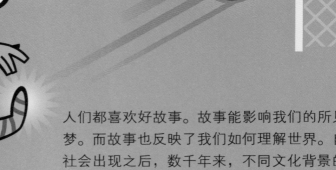

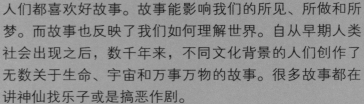

人们都喜欢好故事。故事能影响我们的所见、所做和所梦。而故事也反映了我们如何理解世界。自从早期人类社会出现之后，数千年来，不同文化背景的人们创作了无数关于生命、宇宙和万事万物的故事。很多故事都在讲神仙找乐子或是搞恶作剧。

一个来自西非的神话说，一个巨大的天蛇神扭动着有7000节长的身体，形成了地球上的高山和峡谷，也形成了宇宙中的恒星和行星。当他在阳光下蜕皮时，从蜕下来的蛇皮中流出了水，流到地球上的每个角落。接下来，水中的太阳倒影形成了一道美丽的彩虹。

好精彩的故事！

根据北美平原上阿帕奇印第安人的一个起源神话，世界似乎是从踢足球开始的！最初是一片黑暗。突然，黑暗中出现了一个薄薄的圆盘，一面黄，一面白，它悬在半空中。接下来，一个长胡子的小个子男人出现了。不久，又出现了一个棕色小球——跟豆子差不多大小——神仙们不停地踢球，直到小球膨胀变成地球这么大……

们如何解释宇宙？

在当今科学时代，我们对于宇宙的理解越来越切合实际。如今，人们创作"合情合理"的故事来解释宇宙和宇宙的形成。人们能通过核对事实来验证这些故事的可信度。人们还创作具有逻辑性的故事。

如今，人们喜欢看到自己相信的东西——至少，大多数情况下如此。

当然，如果你愿意相信数世纪以来的宗教和神话中的起源故事，也未尝不可。谁知道呢——其中一条创世理论说不定是正确的！正如我之前提到的，别相信我的话！

努力想一想！

古希腊人把宇宙称为"kosmos"，是"协调、有序"的意思。你认为他们用词准确吗？

宇宙遵循固定的规律吗?

假设你想从宇宙上挖下一块，就好像从地上抓起一把泥土那样。假设你希望挖下来的这一块和宇宙其他地方一模一样。换句话说，你希望这是一块"具有代表性"的宇宙块。这样，你就能用它来制作一个"宇宙模板"。

为了实现这个目标，让我们来想象一下有史以来最大的一把冰淇淋勺。

我们将用这把巨勺从宇宙中舀出"最典型"的一块。这一块应该有多大？不可能跟太阳系一样大，因为太阳系的大小有可能跟其他恒星系统不一样；也不可能跟银河系一样大，因为银河系跟其他星系的大小也不一样。

天文学家计算出，要得到宇宙中所有的"典型物质"，你舀出的那个宇宙块的直径应该有三亿光年！只有这样，我们才能说，得到了一个真正具有代表性的宇宙块：其中包含的物质和宇宙其他地方（即使是宇宙最遥远的地方）包含的物质相同。

我们如何测量宇宙？

就已知的科学知识来说，光是最快的东西。不过，光穿越茫茫宇宙，从一个物体射到另一个物体，仍然需要一定的时间。所以，正如我们先前提到的那样，我们在宇宙中看到的东西都是它们过去的样子。我们看得越远，所看到的物体其年代就越久远。

所以说，用光来测量宇宙的距离这种方法，似乎令人很伤感。

光从月球射到地球大约需要一秒钟时间。我们看到的月亮是 1 秒钟之前的月亮，所以，月球距离地球有"1 光秒"之遥。我们看到的太阳大约是 8 分钟之前的太阳。所以，太阳距离地球有"8 光分"之遥。

其他恒星距离地球更远。距离地球第二近的恒星——比邻星——与地球相距 40 万亿公里。从比邻星发出的光要经过 4 年多时间才能到达地球。所以，它距离地球有"4 光年"之遥。我们现在看到的比邻星是它 4 年前的样子。

有宇宙地图吗？

太空地图很难绘制，因为宇宙中的物体时时刻刻都在运动，而且，地图中需要涵盖的距离太大。跟在地球上不同，在深不可测的太空，你不可能去到每个地方，然后详尽地绘制地图。你必须通过读取和测量到达地球的星光来做出猜测。

规模最大、最先进的宇宙地图叫作"红移巡天图"。这是目前能获得的最大的宇宙地图。红移巡天图显示：宇宙中的星系聚集成条带状，被广阔的空旷地带和巨大的空洞分隔开。所以，天文学家把超大规模的宇宙地图称为"宇宙网"。

宇宙是由什么构成的？

总的来说，宇宙由两种物质构成：可观测到的物质和观测不到的物质。

对于可观测到的物质，我们略有所知。这些物质构成了行星、卫星、恒星和星系。这些天体要么自身发光，要么能反射光。恒星能发光，行星和卫星能反射恒星发出来的光。星系由无数颗恒星构成，所以星系也能发光。

但最近，天文学家发现，宇宙的绝大部分都下落不明。

看来，所有光物质（行星、卫星、恒星和星系）只是宇宙中的冰山一角。科学家认为，宇宙中的绝大部分是由奇特而神秘的"暗物质"和"暗能量"构成。

暗物质是人类观测不到的物质，可以称之为"宇宙的阴影"。

夜空为什么黑漆漆的?

白天,天空湛蓝如海;夜里,天空黑漆漆的。天空怎么会如此喜怒无常?

阳光由不同颜色的光组成。空气对蓝色光的散射作用远远超过对红色光的散射作用。所以,白天的天空呈现出一片令人心旷神怡的蔚蓝色。到了傍晚,太阳从空中沉下去,大量蓝色光被散射掉,只剩下红橙色的光到达人眼。所以,日落(就此而言,日出也是同样道理)时分,天空通常呈现出一片温暖的红色。

但是,夜空为什么黑漆漆的?

夜晚,太阳朝向地球另一面,我们接受不到太阳光。宇宙中布满了不计其数的恒星,每个方向都有。可夜空为什么不是耀眼的白色呢?

答案有两方面。第一,每颗恒星和每个星系距离地球远近不同。来自它们的光需要跨越不同距离、穿越茫茫宇宙才能到达我们。因此,它们的光不可能在同一时间到达地球。第二,这些恒星和星系的年龄不同。年迈的恒星和星系正逐渐暗淡,新生的恒星和星系则光芒耀眼。

亲爱的读者,你明白了吗?

结论是:来自遥远恒星和星系的光还没有抵达地球;而对于那些距离地球较近的恒星和星系,来自它们的光要么正在变得暗淡,要么璀璨耀眼——这取决于它们的年龄。

因此,夜空永远都不会亮如白昼。

宇宙是什么形状?

阿尔伯特·爱因斯坦无人不知,无人不晓。这个满头乱糟糟白发的家伙,在 20 世纪初改写了科学定律!

爱因斯坦的一个著名理论就是:质量导致空间弯曲。没错,的确如此。空间中某一物体的质量(物体中所含物质的量)会导致物体周围的空间发生弯曲。某一点上的质量越大,其周围的空间就弯曲得越厉害。

爱因斯坦还提出了一个大问题:如果质量能导致空间弯曲,这会如何从整体上影响宇宙的形状?

换句话说,如果从更为广泛的意义上去思考空间弯曲

这个问题,宇宙中所有物质的总质量会让宇宙弯曲吗?

这一点我们或许永远都不得而知。不过,太空研究人员认为,宇宙有可能是三种形状:扁平形、球形或双曲线形(马鞍形)。

太空有气味吗?

在很大程度上,这取决于你把鼻子凑到哪里去闻!

最近,探索银河系中心的天文学家发现,那里漂浮着巨大的云团状物质——构成地球生命体的某些物质。不仅如此,他们认为这种物质尝起来有点像覆盆子、闻起来像朗姆酒!

这是一个巨大的发现,因为这意味着:正在银河系中心形成的行星已经拥有能形成生命体必不可少的物质。

美国国家航空航天局(NASA)的科学家们也在绞尽脑汁研究太空的气味。他们就这一问题采访了宇航员。每个宇航员的答案都截然不同。有的宇航员说,太空闻起来像煎牛排;有的宇航员说,像金属被加热时的气味;有些宇航员甚至说,有点儿像焊接摩托车时散发出来的气味。

绝大多数宇航员都没福气享用这套美味诱人的太空大餐:热金属汤(前菜)、煎牛排(主菜)和朗姆酒覆盆子冰淇淋(甜点)。真令人惋惜!原因之一:银河系中心距离地球实在太遥远了。原因之二:太空旅行时,大部分人的嗅觉和味觉都不太敏感。

有两样东西是无限的:
宇宙和人类的愚蠢。
对于前者,我不太确定。

德国理论物理学家
阿尔伯特·爱因斯坦(1879–1955)

宇宙是不是正在变得越来越胖？

看看宇宙中恒星系统和星系等物体移动的方式，我们就能试着弄清楚：从最初的大爆炸开始，宇宙是否依然在膨胀。

我们认为，宇宙有一个开始；我们知道，宇宙中的星系正在快速飞向一个似乎无边无际、无穷无尽的空间……所以，我们一直想弄清楚，宇宙膨胀的速度是在加快还是在减慢，或者，宇宙的膨胀是否会停止。如果会停止，什么时候停止？换句话说，在漫长的岁月中，宇宙好像越来越胖了——从什么时候起，宇宙要开始减肥？！

最近的新闻相当激动人心。

天文学家说，宇宙膨胀的速度越来越快。这意味着：星系之间的空间越来越大。

如果宇宙继续加速膨胀，数百万年后，除人类自己所处的室女座超星系团之外，其他所有星系都会离我们远去，再也无法探测到。天空中的恒星会一颗一颗熄灭。

这样的话，在遥远的未来，宇宙不太可能会是明亮的，极有可能是漆黑一片。

太恐怖了！

2

天哪，那巨大的气态球体！

现在该与宇宙中真正的超级大明星见面了！欢迎恒星闪亮登场！

褐矮星、红巨星、白矮星、蓝超巨星、黑洞、黄矮星、超密中子星……真是丰富多彩，举不胜举。不是吗？太空中有不计其数的恒星。就像人类一样，每颗恒星都是独立的个体，拥有迥然不同的个性。恒星就好像好莱坞的头牌明星——有时候会比较难对付。不过，缺少了它们，宇宙这个大舞台就会黯然失色！

太阳怎么会

通常情况下，太阳太耀眼，让我们没法直视，更别提去估计它的大小。但是，想象你身处一个凉爽、有雾的清晨，天空中几乎看不到任何东西，但你依然能辨认出一个发着微光的大球。这就是我们的太阳。它的巨大让你惊叹不已。

这个发着微光的球体距离我们 1.5 亿公里。假设你有一辆飞车，以 150 公里/小时的速度朝太阳飞速行驶（别担心！太空只有一条限速规定：不能比光速快）。太阳太遥远了！即使以 150 公里/小时的速度飞奔，你也需要 100 万个小时（114 年）才能到达太阳！

即便太阳如此遥远，从地球上看，我们依然觉得它硕大无比。这是因为太阳的直径有 150 万公里！太阳的直径上能并排放 109 个地球。这个庞然大物的内部能容纳 100 多万个地球！

是一颗矮星？

围着太阳绕一圈——假如你能承受住它的炽热，你的车也没问题——你必须马不停蹄地以超音速的速度持续飞 227 天。

好了，你现在明白是怎么回事了。太阳很大。不过，跟有些恒星相比，太阳却小得可怜。事实上，用现代天文学家的话来说，太阳是一颗"矮星"。

咱们来举个例子。在猎户座里面，有一颗叫参宿四的红色超巨星。如果你有本事把参宿四拿起来放到太阳的位置——太阳系的中心——它会完全席卷最靠近太阳的四颗行星——水星、金星、地球和火星——的轨道。这个贪心的家伙！

太阳为什么会发光?

对地球上的生命来说,太阳至关重要。我们知道,如果没有太阳,就不会有光、热、食物、天气、日子或季节……当然,地球也不会存在。事实上,没有太阳,太阳系也不会存在——太阳是整个太阳系动力的来源。

太阳的无穷力量来自于它无穷的能量。它是一个熊熊燃烧的能量大火球,每秒钟燃烧约 400 万吨气体,这相当于 1 秒钟内 7 万亿次核爆炸所释放的能量。难怪太阳热得要命!

太阳中心区的温度约 1600 万摄氏度,其高温足以把氢转化为氦。所以,太阳的主要工作之一就是:创造新原子。它就好比一架原子制造机,用阳光的能量照亮整个太阳系。

研究人员认为,大约从 45.7 亿年前起,太阳就开始发光发热。在漫长的岁月中,太阳这颗恒星一直孜孜不倦地给予能量,从太阳系中心发出强大的光。

太阳能对于整个太阳系至关重要。恒星通常都是给整个宇宙提供动力的。让世界上充满阳光吧!

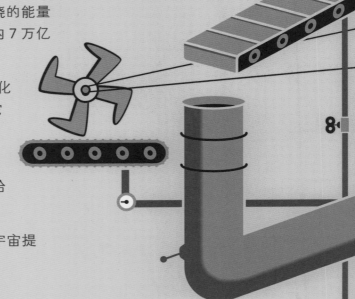

恒星会发出声音吗?

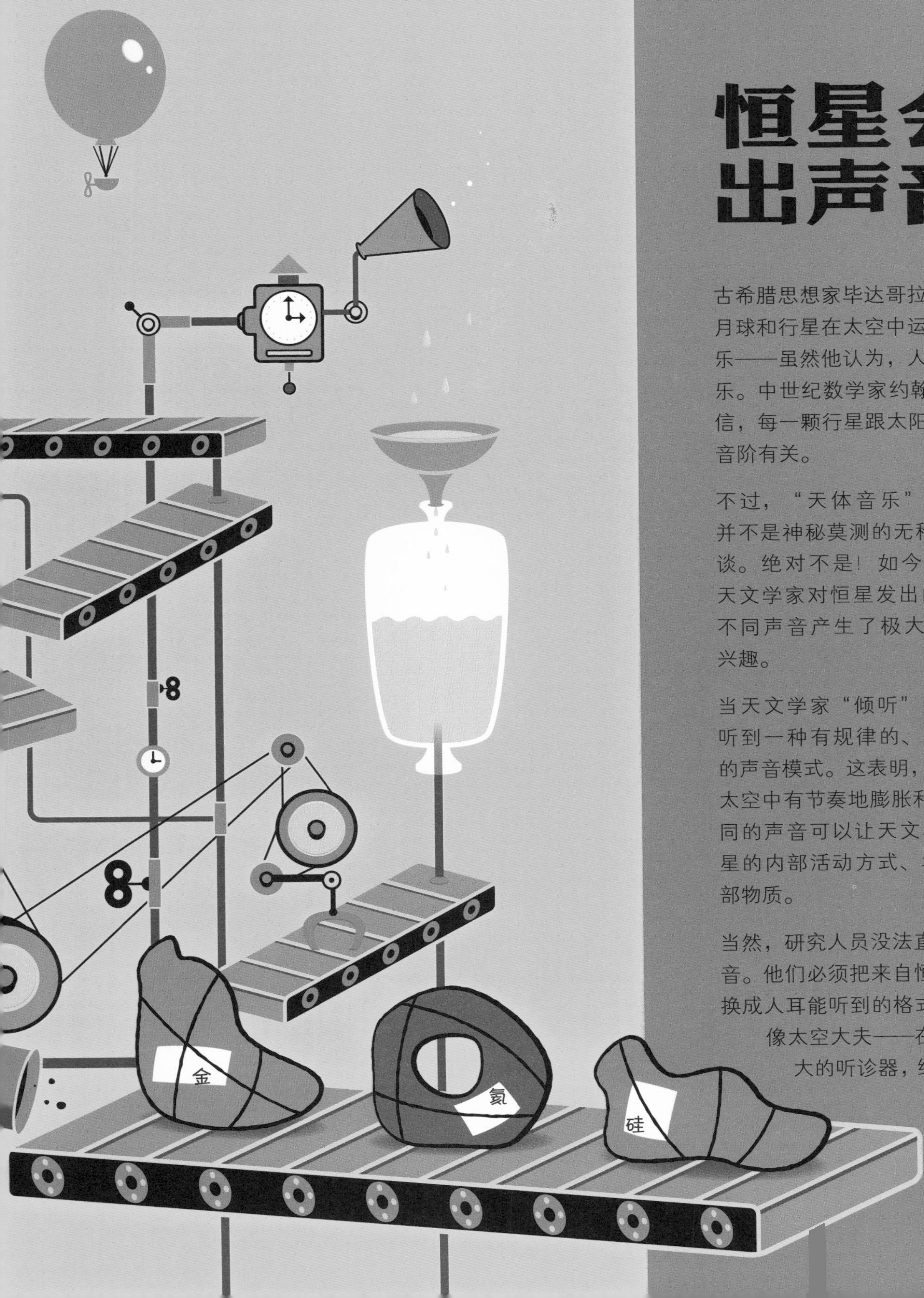

古希腊思想家毕达哥拉斯认为，太阳、月球和行星在太空中运行时，会奏出音乐——虽然他认为，人耳听不见这种音乐。中世纪数学家约翰内斯·开普勒相信，每一颗行星跟太阳所拉开的间距跟音阶有关。

不过，"天体音乐"的概念并不是神秘莫测的无稽之谈。绝对不是！如今，天文学家对恒星发出的不同声音产生了极大的兴趣。

当天文学家"倾听"时，他们听到一种有规律的、重复出现的声音模式。这表明，恒星正在太空中有节奏地膨胀和收缩。不同的声音可以让天文学家了解恒星的内部活动方式、年龄、体积和内部物质。

当然，研究人员没法直接倾听恒星的声音。他们必须把来自恒星的"震波"转换成人耳能听到的格式。这份工作有点像太空大夫——在恒星上放一个巨大的听诊器，给它来一次体检！

金

氦

硅

恒星长生不老吗?

恒星需要燃料才能生存，所以恒星一辈子都在迫切寻找可以燃烧的物质。

类日恒星的大半辈子都在燃烧氢，把氢转化成氦。研究人员认为，当恒星的氢耗尽之后，它们会开始燃烧氦。事实上，恒星也可以燃烧碳、氖、氧气和硅。

当恒星烧完一种燃料转而烧另一种燃料时，它会发出警告，它会膨胀得异常巨大，变成红巨星。

在遥远的未来，我们的太阳也会变成红巨星，体积膨胀到当前体积的 200 倍。研究人员预计，届时太阳将吞噬太阳系中的内行星，包括我们最最亲爱的地球！

不过，别担心。火星好像能幸免于难。这样的话，我们就能乔迁新居，变成正儿八经的火星人了！

恒星会爆炸吗？

有的恒星会爆炸！正在爆炸的恒星叫作超新星。一颗超新星在一分钟之内释放出的能量，比宇宙中所有普通恒星在同一分钟内释放出的能量总和都要强大。

只有质量很大的恒星才会发生这种爆炸。这类恒星在耗尽其燃料时就会爆炸。

恒星在爆炸、演变为超新星这一过程中，发出极为强烈的光，比太阳在其整个生命周期中发出来的光还要多。所以，我们很容易观测到：一颗超新星的亮度，会使其所在的庞大星系都黯然失色。

太空研究人员认为：在跟银河系大小相当的星系中，每隔 50 年左右，就会出现一颗超新星。对于天文学家来说，这可是最令人惊艳的太空烟花！

为何巨星的寿命很短暂？

恒星的大小和质量各异。"质量"是指物体所含物质的多少。恒星的质量指的是，这颗恒星有多少气体。

即便是体积最小的恒星，其质量也比木星大 100 倍（换言之，如果木星的质量增加 100 倍，它有可能会变成一颗恒星，而不是行星）。科学家认为，最大的恒星，其质量比太阳的质量多 100 倍。这些家伙才是真正的庞然大物。只可惜，它们的寿命都很短。

恒星的质量越大，其生命周期就越短。

大恒星的寿命只有数千万年。这是因为它们每天都玩儿命地剧烈燃烧，

仿佛没有明天一样。而且，它们很容易爆炸！

不过，小质量恒星才是真正的玩家。这些小家伙的质量跟太阳差不多，或者更小。宇宙中小恒星的数目远远超过大恒星。而且，它们算得上是长生不老。一颗质量为太阳一半的恒星可以持续燃烧数十亿到上百亿年。

宇宙中有什么地方是漆黑一片的吗？

有时，大质量恒星会在自身的重压之下坍塌。之所以会发生这种情况，是因为恒星的燃料所剩无几，或者是因为它吞噬了太多附近的物质。

质量巨大的东西能产生强大的引力，把周围的东西吸引过来。大质量恒星凭借着强大的引力，不断吞噬周边一切物质——包括光，并阻止任何事物从它强大的引力之下逃走。

这些巨大的恒星看起来很黑，所以研究人员把它们称为"黑洞"。

研究人员用词可真准确！

黑洞有可能是宇宙中最黑暗的地方。令人头疼的是，这些家伙实在太黑了，很难被探测到。

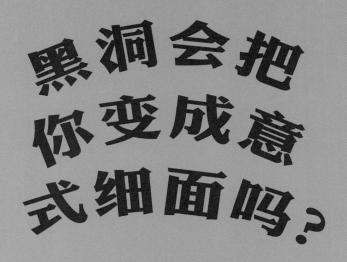

黑洞会把你变成意式细面吗？

我们的脚能站在地面上是因为地球质量巨大，其强大的引力（跟地球的质量相比，人的质量简直微不足道）把我们牢牢吸附在地面上。离质量大的物体越近，它对你产生的引力就越大。

黑洞的质量大得惊人！事实上，如此巨大的质量，会对你的头和脚产生超级大的引力！这会把你的身体拉得又长又细——就好像意大利细实心面！

研究人员把这种拉伸效果称为"意面化"。（我没说错吧，研究人员的确是遣词造句的大师！）

黑洞附近意面化的拉力巨大无比，任何反抗都会以失败而告终！（彻底没用！）不过，你不用太担心。近期内，人类根本没机会靠近了往黑洞里瞅。

银河系的中心有什么？

你肯定担心自己会被拉成意大利面。别担心！天文学家确实发现了黑洞存在的有力证据，可黑洞并不在地球的后院里。不过，有一个黑洞就位于银河系的正中央！

别恐慌！这个黑洞距离地球约 26,000 光年。所以，下周三它不太可能吞噬地球。

银河系的中央空间狭小，却挤满了物质——或者说质量。这种环境正好适合黑洞蔓延扩张。所以，研究人员认为，有一个体积庞大的超大质量黑洞悄悄潜伏在那里。

事实上，他们认为大部分星系的中央都有超大质量黑洞。

恒星死亡以后，残骸去哪儿了？

听着，恒星永远不会真正死去。很多恒星缓慢地转化成另一种形式的恒星；有些恒星爆炸后，会留下一片恐怖的残骸。这都取决于恒星的体积和质量。

记住：体积越小的恒星，寿命越长。

小恒星的生命周期有数十亿到上百亿年。当这些小家伙最终耗尽燃料时，它们依然会保持明亮很长一段时间。处于这个生命周期的小恒星被称为"白矮星"。天文学家认为，银河系中97%的恒星都会走向这种命运。

大质量恒星很稀少，它们有完全不同的命运。

中等质量的恒星会变成红巨星。在演变过程中，恒星体积增大，颜色也相应发生变化。

大质量恒星会爆炸，变成超新星。接下来，它们会变成黑洞或中子星。中子星密度大得超出人们的想象——把地球上所有人压缩至一块方糖大小，其密度就跟中子星的密度差不多。

酷毙了，对吧？

所以说，恒星的生命历程各不相同。每一种生命历程都有一个终点。这些终点是：白矮星、红巨星、中子星或黑洞。无论恒星最终演变成何物，它们都会源源不断地往太空中喷射物质。这些物质由恒星内部创造的化学元素构成。

这些残留下来的"恒星物质"弥漫在星际空间——成为孕育新一代恒星的原始材料。

这才是再循环利用的最高形式！

我、行星和恒星有什么区别呢？

我是由恒星物质构成的。听起来有点不可思议，不过这点可是千真万确！

你皮肤里的碳、血液里的铁和牙齿里的钙——这些元素都是在恒星内部形成的，然后被喷射到太空中，用以形成新的恒星、行星和其他东西，比如人类。

就拿碳来举个例子吧。碳是构成地球上一切生命体最重要的元素。各种大小的恒星内部都会生成碳，但碳没有被恒星烧尽。碳经历了恒星熔炉般残酷的考验。当恒星经历某种再循环过程，走向生命的终结时，碳和其他元素一起被释放出来。然后，碳就可以成为其他物质的组成部分——比如人类！

通过分析恒星最终射到地球上来的光，天文学家可以推测出恒星内部的化学成分。这些专家曾经认为恒星和行星有巨大的区别。但如今，我们认为恒星和行星都属于同一个大家庭。

最初，当一团气体云坍塌时，太阳系开始形成。太阳系的所有天体在同一时间形成：四颗小体积内行星——水星、金星、地球和火星——主要由岩石和金属构成；但四颗外行星——木星、土星、天王星和海王星——主要由氢气和氦气构成，就跟太阳一样。

是什么让恒星如此不同？

恒星发光，行星不发光——这是最主要的区别。行星和恒星的大小、质量和内部成分各不相同。但木星这类大行星和太阳这类恒星最明显的区别是：木星的质量不够大，不足以把核心的氢气点燃。

努力想一想！

人类是声势浩大的太空再循环计划的产物。太奇妙了！

什么是光?

光是能量的一种传播方式。

当你以俯冲姿势跳入游泳池（若有救生员在场，他或许不允许你这么做！）时，你身体击水时所产生的能量以波浪的形式在水中移动。波浪不是水形成的，而是能量形成的。

光也是以波的形式传播的能量。光能穿越太空，也能穿越物质，比如水。

我们可以把光看成是光子的集合体。光子是一种肉眼看不到的能量。有很多种不同的方法可以产生光子。在太空中，光子以恒星光的形式传播。光子在燃烧氢气的恒星内核形成。

光的速度有多快？

光是全宇宙速度最快的东西！

光以 30 万公里 / 秒的速度传播。有了这个知识，我们就可以用光速来有效地测量宇宙中的超长距离。

光的速度快得惊人。光每秒钟能绕地球赤道 10 圈。从地球上射出来的光能在 1 秒钟后到达月球，8 分钟后到达太阳。

如果你能跳到一束光上去，这种旅行方式肯定酷毙了！（千万别尝试噢！）

宇宙间的距离大得无法想象。地球上的光需要 4 年多时间才能到达距离我们第二近的恒星（排在太阳之后）。光需要 10 万年才能穿越银河系。你现在知道我们的银河系有多浩瀚了吧？

我此时此刻看到的天体真的存在吗？

我们能看见太空中的天体，这是因为它们能发光或者能反射光。我们知道，通常情况下，天体发出或者反射出的光需要穿越很长的距离才能到达地球。这一旅程要花上很长一段时间呢！

所以，你在夜空中看到的一些天体或许早就不存在了！

假设银河系某处的一颗恒星发生超新星爆炸，发出了

耀眼的光。假设这颗恒星距离我们很遥远，从它那里发出的光需要 10 万年才能到达地球。虽然超新星无比耀眼，但地球上的我们在爆炸发生 10 万年后才能目睹这次摄人心魄的壮美景观。

从爆炸发生那一刻到我们看到爆炸场面，整整 10 万年期间，我们抬头看到的那颗恒星其实早就不存在了。真恐怖！

3

时间、时间，还是时间

我想，谈论时间的时候到了！

我们都自以为是地认为，自己对时间了如指掌。作为人类，我们擅作主张、自作决定地"测量"时间。我们每时每刻都在"读取"和"判断"时间。但时间最初从何而来？

我们一旦开始钻研这个问题，用不了多久肯定就会头晕脑涨。若是时间加速、减速或是倒流，怎么办？若是时间中存在洞或断裂，怎么办？果真如此的话，我们肯定会乱成一团糟！

我们是如何创造时间概念的?

嘿，你可没办法"创造"时间。不过，在某种意义上，我们用符合人类生活经验的方法来测量时间：地球围绕地轴自转一圈所用的时间叫作一天（24 小时）；地球围绕太阳公转一周所用的时间叫作一年（365 天）。

从古至今，人类不断地研究时间，想理解时间的意义。

随着工业革命的出现（18 世纪晚期），人类开始掘地三尺，寻找燃料。技术人员在岩石里发现了很多动物残骸化石。这些动物在地球上早已灭绝，比如恐龙。

关于地球起源的说法突然发生了转变。人们在绝对意想不到的地方发现了这些灭绝动物的残骸——在山顶上发现了海洋动物残骸，在赤道发现了北极熊残骸，在月球上发现大象残骸。（哦，最后一个是我瞎编的！）地球肯定经历过巨大变化。这个星球一定经历过巨大变化，无论是岩石还是众多奇异动物的栖息地。这才能解释被发现的动物残骸化石为什么会出现在这样一些地方。

所以，人们不再认为地球和宇宙是 6000 年前才形成的。我们逐渐意识到：地球肯定经历了亿万年沧海桑田的变化，才变成今天的样子。

我们如何知道宇宙天体的年龄？

科学家意识到，岩石和存留在岩石中的动物残骸发生这些变化需要数百万年的时间。这大大改变了我们对时间的认识。人们开始明白：我们身处的这个宇宙已经很老很老了。

通过测量岩石中物质发生衰变所需的时间，研究人员能鉴定地球上岩石的年龄。这让我们弄明白了一点：地球这颗小小的星球其实已经非常古老，有 45 亿岁。

在 20 世纪 60 年代和 70 年代，美国"阿波罗计划"的宇航员曾经拜访过月球，把月球上的岩石带回地球。结果表明，这些岩石的年龄和地球上岩石的年龄一样大。陨石和火星上落下来的岩石也是如此。因此，月球、地球和火星肯定是同一时间形成的。

天文学家还通过电脑模型来估计太阳的年龄。他们认为，太阳比地球更古老，大约有 45.7 亿岁。这种说法很有道理。毕竟，如果太阳不先安营扎寨，太阳系就不会存在！

如果衣柜有三维，第四维是什么？

你的衣柜是个三维物体，这种说法描述了它占有的空间——长度、宽度和高度。不过，你身处的世界还有第四维。前三维是空间，第四维是时间。

我们再来想一想衣柜：

你或许认为，自己百分百知道下下个周三你的衣柜在哪里。但是，即便你没注意到，你的衣柜每时每刻也都在运动。当然，它一直都待在你卧室里那个布满尘土的角落。从空间意义上来说，它并没有移动。不过，这只是四维中的三维，不是吗？

从时间意义上来说，这完全要另当别论。

再看一眼你的衣柜。它在动吗？没有？你确定？肯定没动？事实上，它在动。它在时空中运动。尽管在三维空间内它可以算作是原地不动。不过，第四维——时间改变了。

所以，即便你看不到，但第四维肯定存在。

时间的速度永远不变吗?

我们很容易产生这种感觉:时间永远以相同的速度流逝——因为在日常生活中,好像的确是这么回事。不过,其实不存在"绝对时间",整个宇宙没有遵循一个相同的时间流速。

还记得爱因斯坦吗?(那个乱糟糟白发、改写科学定律的家伙)他说,我们对于时间的理解是错误的。时间不是"绝对"的,时间是"相对"的。换言之,时间流逝的速度取决于你所在的位置和你运动的速度。

首先,运动的时钟比静止的时钟走得慢。这点千真万确——即使你用的是世界上最精确的时钟,即原子钟。

假设你有两台原子钟。你把其中一台放上太空船,另一台放在地球上的家里。假设太空船以一半的光速飞速离开,前往附近的星系。

当太空船返回地球时,地球上的时钟显示:已经过了30年。但太空船上的时钟显示:整趟旅行的时间只花了26年。

听起来好像不可思议,这是因为我们以为两台时钟以相同的速度在走。但事实并非如此!

即使是坏掉的时钟,在一天之内也会给出两次正确的时间。

摘自电影《我与长指甲》(1986年)

44

努力想一想！

如果木星上的时间走得慢，这表示木星上的生活会更轻松吗？

我的身体为什么像时钟一样？

匪夷所思的是，人们的衰老速度并非总是相同的。受速度影响的不仅仅只有机械钟和原子钟，生物钟也不例外，比如人体的衰老。

听听下面这个双胞胎的故事：

刚庆贺完 21 岁生日之后，双胞胎兄弟的其中一个（他是个宇航员）就踏上一次漫长的太空之旅，以 94% 的光速在太空翱翔。

如果宇航员离开地球 14 年，他返回地球时应该是 35 岁——这样理解似乎很有道理。当宇航员从太空船的悬梯走下来时，他理所当然地认为，自己的双胞胎兄弟也应该是 35 岁。可他却发现：自己的兄弟已经有 71 岁了！你肯定能想象他当时的惊讶程度。

这个令人困惑的现象是时间旅行模拟真实生活的效果，即所谓的"双生子谬论"。

虽然从未用真人测试过这种效果，但我们知道结果肯定会如此。科学家曾经把原子钟放在速度不同的飞机里，各自围绕地球飞一圈，实验结果证明：这一点的确属实。

在体积更大的行星上,时间的速度不会变吗?

时间在不同行星上的快慢不一样。

就拿地球来说吧。时间在地球上不同地方,快慢也不一样。这种奇怪的时间现象主要取决于不同地点的引力大小。

假设你身处地球上两个不同的地方:阳光灿烂的海滩和珠穆朗玛峰山顶。

阳光灿烂的海滩离地心更近。换言之,这里的引力(把你拉往地心的力量)会更大。基于这个原因,时钟在这里会稍微走得慢一些。在珠穆朗玛峰山顶,引力要弱一些。换言之,时钟会走得稍微快一些。

重申一次,这个事实已经被书生气十足的研究人员们用高精度的原子钟证明过了。被放置在高海拔、小引力地点的时钟,比放置在低海拔地点的时钟略微走得快些。

更胖(质量更大)的行星,引力更大。换言之,时钟在大行星上是要走得慢一些——的确如此。这样时间也会跟着放慢一些。

我的老天!

如何建造时间机器？

在广袤浩大的宇宙中，如果有一样东西你不能任意干预，那就是时间。科幻小说家 H·G·威尔斯对此心知肚明。于是，他干脆胡作非为。1895 年，他创作了一部伟大的时间旅行小说——《时间机器》。

毕竟，如果你可以在空间里自由穿梭，那为什么不能自由穿越时间？

假设一台全新的时间机器被送到你家大门口。你想先去哪里？罗马帝国的衰亡时代？中世纪？或者宇宙的终点？就去中世纪吧！你选得真好啊！

好吧，先来仔细读一下操作指南：凸轮轴，核对完毕！四维路程计，核对完毕！点火，完毕！点火？等一下。时间机器运用的原理到底是什么？

如果你想建造一台时间机器进入未来，需要一架能接近光速的太空船。太空船的速度越接近光速，时间就过得越慢。返回地球时，你的容颜几乎没有变化，但是，地球上已经过了数十年，甚至数百年。

太好了！你已经抵达未来！

要回到过去更加复杂！你需要一架机器，它的运转要用到让人震撼的、扭曲时空的虫洞技术。

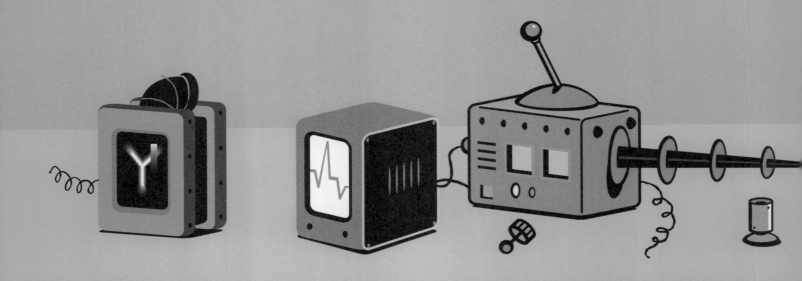

时空中有洞吗？

穿越时空最不可能的方法就是利用虫洞。虫洞是能扭曲时空的假想隧道。它是时空旅行中有可能存在的一条"捷径"。人们或许可以通过这条神奇隧道进行时空穿梭。研究人员认为，虫洞有可能存在，只不过尚未发现任何证据。

不过，或许会有一些小问题。假设你创建了一个虫洞，假设你打算重返过去，和梁龙嬉戏，那让我们把时间调到侏罗纪吧！

暂停一下！你不可能回到虫洞尚未出现的某个时间。这或许解释了为何地球还没被未来的旅行者侵占。我们还没有创建虫洞的技术。目前还没有。

黑洞是通向未知世界的单向通道。跟黑洞不同，虫洞有两个端口——进口和出口——两者由一条"咽喉"或者一条隧道连接。物体从虫洞的一个端口进入，穿过"咽喉"，从另一端口出来。人类尚未观测到虫洞，但宇宙依然很年轻。人类寻找虫洞的时间还不够长。

有人认为，如果研究人员能找到方法，让虫洞的咽喉保持张开，虫洞就会变成一台真正的时空机器。哇！

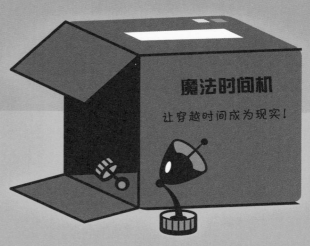

魔法时间机

让穿越时间成为现实！

4

精彩刺激的未来太空大冒险

去附近一家影院看看科幻电影《未来》！

每时每刻，我们都通过书籍、电影、电视等媒介在体验未来——至少是我们想象中的未来。为何未来让人如此着迷？

这是一种不可抑止的冲动！太空如此广袤、浩大，人类极度渴望探索未知的神秘领域。未来就在前方。我们迫切地想进入太空，拥有太空，竭尽所能了解它。

但是，这一切将会如何改变我们和宇宙之间的关系？会让我们与宇宙更亲近，还是会让我们感觉更孤独？

直到 17 世纪早期，望远镜才出现。意大利天文学家伽利略很喜欢摆弄这个令人兴奋的新仪器。他发现木星周围有四颗大型卫星，银河系由无数颗恒星构成。当伽利略探测到月球时，他看见月球上有山脉和环形山，这和地球上的山脉很相似！1610 年，伽利略把自己的发现写成了一本书。他鼓励读者们开启自己的想象力。

在月球上漫步是什么感觉？

伽利略的伟大发现激发了作者去想象太空中的生活是什么样子，另一个星球上又是什么样子。于是，科幻小说应运而生。最初的科幻故事是关于太空旅行的。作者假想人类驶入太空，他们的第一站（没错，你猜对了！）是月球。

科幻小说是何时诞生的？

听着，人类并非从一开始就对未来深深着迷，强烈渴望遨游太空——这一片最后的神秘领域。不过，我们一直对宇宙很好奇。可以说，科幻小说源自于早期神话故事或古希腊的早期理论。

谁发明了太空旅行?

努力想一想!

如果科幻小说家
真的有本事"预测"
未来,会怎样?

17 世纪 20 年代到 30 年代之间,
天文学家约翰内斯·开普勒写了
一个叫《梦游记》(Somnium)的
故事。开普勒大概是当时世界上最有
影响力的天文学家。才华横溢的他相信,
太空旅行总有一天会实现。他明白,我们必须摆脱地球引力
的束缚,才能到达别的天体,比如月球。在开普勒的故事中,
月球上的精灵通过"黑暗之桥"在地球和月球之间穿梭。故事
听起来精彩极了!不过,巧妙之处在于:那座桥把旅行者送
去太空,到达有"特别引力"的那个地方,旅行者能飘下来,
直接降落到月球表面。要是现实生活中也这么简单就好了!

另一个早期科幻故事叫《月亮上的人》(The Man in the
Moon),是威尔士主教弗兰西斯·戈德温写的,出版于 1638
年。戈德温主教也明白,太空旅行需要解决的第一个问题就是
引力。在他的故事中,一个旅行者想利用一群野鹅飞去中国,
结果却出乎意料地降落到月球上。

17 世纪 60 年代,世界上第一个科学组织——皇家学会——
在英国成立。该学会的成员认为,太空旅行完全有可能实现。
接下来的故事……大家都知道了!

尼尔·阿姆斯特朗是现代的哥伦布吗？

这是一个探险故事。在望远镜出现之前，世界只是一个供旅行和贸易的地方。随着地图变得越来越精确，人们不再驾船沿着海岸线小心翼翼地行驶，而是开始驶向浩瀚的大海。其实维京人早已到达过美洲大陆。约500年后，克里斯托弗·哥伦布（1451–1506）再次发现了这片大陆。这就好比发现了地球上的另一个世界，就像伽利略不断寻找宇宙中的其他世界一样。

从某种意义上来说，伽利略的望远镜就是一艘航船。它把伽利略和地球上所有观众带去太空中遨游。在此以前，人们根本无法想象这种事情。望远镜使月球焕发了活力，让它在我们的眼里显得鲜活生动。月球变成一个伸手可及的地方——距离我们很近的另一个世界。

人类开始思考各种各样的可能：月球上有外星人吗？在崎岖陡峭的月球表面行走，是什么感觉？

1969年，尼尔·阿姆斯特朗在月球上"迈出了一小步"。这一小步其实是一个漫长的旅程——要从伽利略以及1609年出现的望远镜开始算起。

谁是宇宙的主人？

好呀！让我们重返海盗在汪洋大海上横行霸道的日子！海盗打劫船只后，不会马上去寻找金银财宝。绝对不会！他们会直接冲去货舱，那儿放着船只的地图和时钟。最值钱的货物是科学工具和探索工具。

科学为何如此珍贵？

一直以来，导航和航海对贸易来说都极为重要。如果你能发现新技术或新航线，把它卖给别人就能赚大钱。

宇宙航行或许也能为你带来享之不尽的名利、财富和赏金！

地球上的自然资源开始逐渐减少，难怪人们会梦想驶向遥远的世界，还要在上面插一面旗帜，大声宣称："嘿，这里归我们了！"拥有一颗天然燃料和物质都异常丰富的卫星或是小行星，或许就意味着源源不断的财富。

不过，请记住：太空旅行异常昂贵，这是一项巨大的投资。你必须投入巨额资金，才能在另一颗星球上插上你的旗帜。而且，你还不一定能安全返航噢！

登上宇宙中的另一个天体，就意味着你能把它据为己有吗？这未免太厚颜无耻了！

而且，究竟谁才是地球的主人？或许是外星人，所有地球人都在替他们辛苦卖命！

太阳系中有外星人吗？

现如今的航空任务是去火星寻找物质，包括水源——有水的地方就有生命。2007 年，人们在火星上发现洞穴。所以，未来的任务或许是进入洞穴，寻找火星地下的生命体。不过，机器人探险家将注意寻找小虫子，而不是长着虫子眼睛的大怪物！

另一个最有可能有外星人的星球是木卫二——木星的大卫星之一。木卫二的表面很平滑，完全被冰层所覆盖。冰层之下的木卫二或许蕴藏着一个巨大的地下海洋——跟地球上的海洋一样，那里或许生活着微生物。

宇宙中有另一个地球吗？

1543 年，波兰天文学家尼古拉·哥白尼撰写了一本非常重要的书。书中提到，太阳系的中心天体是太阳，而非地球。在哥白尼之前，人们认为地球不是一颗行星，而是：

（大声宣布）：宇宙间万事万物的中心！

自哥白尼起，天文学家一直想知道，宇宙中是否存在和地球相类似的行星。自 19 世纪起，我们就知道天空中大部分恒星跟太阳类似。而且，大部分恒星都有行星围绕着它们旋转。这些行星被称为"外太阳系"行星。直到 20 世纪 90 年代，人类才发现第一颗外太阳系行星。到目前为止，人类发现了 300 多颗外行星。

我们尚未发现跟地球类似的行星。但宇宙无比庞大，恒星的数量比地球所有海滩上的沙粒还要多。大部分恒星都有行星围绕它们旋转。在某个遥远的地方，肯定会有类似地球的行星存在。

外星人跟我长得像吗？

是这么回事：如果地球不是唯一的行星，
其他行星上也存在生命体，那地球就丝毫不特殊了，
它只不过是一个有生命体存在的地方而已。

像查尔斯·达尔文这种生物学家还一直在思考
这样一个问题：地球上的生物如何随时间发生变化，
即他们如何进化。不过，进化论不仅适合解释地球上
的生物，也适合解释外星人。其他行星上的生物也需要
演变进化，以适合其生存环境。

既然绝大多数外太阳系行星跟地球毫无共同点，
那么外星人肯定长得和人类不同。
如果在太空中某个地方还有一个你，那肯定很恐怖！

如果太空中外星人无所不在，那他们为何从未造访过地球？

这就是著名的费米悖论，它是意大利物理学家恩里科·费米提出来的。

这个问题很有道理。如果太空中真的存在高智能生命体，他们为什么从未跟人类联系？

首先，宇宙大得要命。当高智能外星人想到地球上来叫份外卖——他们说不定真想到了这一点，可太空旅行或许没这么容易。想想人类，在最近50年的"宇宙探险"活动中才刚成功登上月球，而月球离地球只有一光秒之遥！

其次，外星人或许正在观望和等待，等待我们进化得更完善、变得更聪明一点。

等我们一旦进化好，他们或许就会来拜访我们：喝喝茶、大话宇宙、跟地球人分享宇宙探险的故事。

第三，聪明的外星人或许压根不会思考科学技术和太空旅行这类费心费力的事。他们在自己的星球上四处漫游，从事采集和捕猎的工作。他们对这种生活乐此不疲。

最后一点：

外星人或许拜访过我们，从古至今都曾来过，所以人们才会看见飞碟。有些人甚至认为，他们曾经在外星人的母舰上享用过热气腾腾的茶（说不定还有一块香脆美味的小饼干呢）。

外星人想掠夺地球的资源吗?

人类总是把外星人想象得异常聪明。这点很搞笑吧?

好吧，确实有一定道理。如果他们为了吃一只热狗，就能从最遥远的宇宙边缘飞到地球上来，而人类只能登上渺小得可怜的月球，那他们或许的确比我们聪明。不过，果真如此的话，他们想拿地球上的东西干什么? 想象一下: 一个外星人在笨手笨脚地用烤面包机，或者用你的滑板努力锉指甲，又或在冥思苦想你为何只穿两只鞋。

或许他们星球上的资源已经耗尽。跟人类一样，他们的人口或许正在不断增加，紧缺食物和水源。但是，如果他们真的如此先进，那根本用不着跑到自己的星系外面去找食物。他们极有可能选择离家近的地方，在自己的星系里寻找原材料。

努力想一想!

如果外星人在遥远的过去曾经拜访过地球，那会是怎样的?

术语表

尼尔·阿姆斯特朗（1930-2012）于 1969 年 7 月第一位踏上月球的美国宇航员。人类历史上先后共有 12 名宇航员成功登月。阿姆斯特朗担任阿波罗 11 号计划的指挥官，指挥两名宇航员出舱踏上月球表面。

原子 构成物质的基本单位。"atom" 这个单词源自于希腊语单词 "atomos"，是 "不可切割" 的意思。

原子钟 一种非常精确的时钟，利用原子的自然特性来计时。

轴 一根假想直线。三维物体（如行星）围绕着它进行自转。地轴是一根穿过地球中心、连接南北两极的假想直线。

参宿四 一颗处于猎户座的红超巨星。在夜空中行星亮度排行榜上，参宿四占据第 9 位。

大爆炸 关于宇宙诞生和演变的理论，得到了不少观测证据的支持。该理论认为，宇宙大约诞生于 137.5 亿年前，从古至今一直在膨胀。

十亿 一百万的一千倍（1,000,000,000）。

生物钟 生物（包括动植物）的自然习性，大约以 24 小时为一个周期。

黑洞 太空中的一个区域，没有任何东西（包括光）可以逃脱它的吸引。研究人员认为，黑洞由密度极大的物质构成，会造成时空结构的极度扭曲。

研究人员 用来描述科学家、工程师和其他聪明到极点的人士。简而言之，这个词语指的是那些知识渊博的家伙。

克里斯托弗·哥伦布（1451-1506） 意大利航海家和探险家。他曾经穿越大西洋，让欧洲人知道了南北美洲的存在。

星座 夜空中的一片区域，指若干相邻恒星组合在一起形成的图案。

尼古拉·哥白尼（1473-1543）波兰天文学家。他在现代历史上首次提出太阳系日心说，推翻了地球是宇宙中心的说法。

暗能量 一种能量的假想形式，弥漫于整个太空，促使宇宙加速膨胀。

暗物质 一种不可见的物质星体，占据宇宙质量的绝大部分。暗物质不可见，但通过可见物质的行为可间接推测暗物质的存在。

查尔斯·达尔文（1809–1882）英国博物学家。他认为，地球上所有物种都是由同一共同祖先在漫长的历史进程中进化而来。

阿尔伯特·爱因斯坦（1879–1955）德国科学家。爱因斯坦被认为是史上最具影响力的科学家之一。他关于时空的理论包括狭义相对论和广义相对论。

恩里科·费米（1901–1954）意大利科学家。费米的最大贡献是核能发电的研究。

星系 恒星、气体和尘埃在引力作用下结合在一起，形成一个庞大的系统。星系大小不等，从只有数百万颗恒星的矮星系到包含上万亿颗恒星的椭圆星系都有。太阳所在的星系叫"银河系"。

伽利略·伽利莱（1564–1642）意大利天文学家和哲学家。在现代科学发展的早期阶段，伽利略扮演了极其重要的角色。他最先发现了木星的四大卫星。人们将其命名为"伽利略卫星"，以纪念伽利略的功绩。

弗兰西斯·戈德温（主教）（1562–1633）威尔士兰道夫大教堂主教，撰写了英语文学史上第一个与外星人接触的科幻故事。戈德温的故事《月亮上的人》（出版于 1638 年）捍卫了哥白尼学说，并用早期的引力理论描述月球之旅。

引力 有质量的物体相互吸引的自然现象。在引力作用下，地球沿着一定轨道围绕太阳转动，月球沿着一定轨道围绕地球转动。地球上的潮汐变化是因为受到月球和太阳的引力影响。

太阳系 太阳和所有受到其引力约束的天体的集合，包括四颗内行星——水星、金星、地球和火星，主要由岩石和金属构成；四颗外行星——木星、土星、天王星和海王星，主要由氢和氦构成；还有其他所有小型天体，比如小行星、彗星和冥王星这类矮行星。

无限 这个词用来形容体积、面积、时间和空间没有极限的某样东西。

约翰内斯·开普勒（1571-1630）德国天文学家和数学家。他创立了行星运动定律，即行星在宇宙空间绕太阳公转所遵循的定律。开普勒还撰写了最早期的科幻故事之一：《梦游记》。

质量 物体所含物质的多少叫作物体的质量。重量是物体受引力作用后力的度量。

银河系 银河系是太阳系所处的星系。宇宙中有数十亿个星系。

一百万 一千的一千倍（1,000,000）。

NASA 是美国国家航空航天局的缩写。它是美国政府的一个机构，负责美国的太空项目，如阿波罗登月计划和那些按一定轨道绕地球运行的航天器。

宇宙 宇宙包括存在的万事万物、空间、时间和其中的所有物质和能量。

核爆炸 核武器产生的爆炸。原子核内蕴藏着巨大的毁灭性力量。核反应威力无比，即便一枚小小的核武器也能摧毁一整座城市。

轨道 一个物体围绕另一物体运行的路径，比如地球围绕太阳运转的轨道。让天体沿着固定轨道运行的自然现象叫"引力"。

光子 光的基本单位。光子是基本粒子，没有质量。

毕达哥拉斯（公元前570年－前495年）古希腊数学家和哲学家。毕达哥拉斯及其门徒认为：万事万物都与数学有关，数字是解开宇宙奥秘的钥匙。

红巨星 中等质量、体积巨大、极为明亮的恒星，处于恒星演化的晚期阶段。

红移巡天图 天文学家能观察到正在远离地球的星系发出来的"红移"光。他们利用红移来测量天体之间的距离，描绘出红移巡天图——巨大的太空"地图"。其目的是绘制星系的位置，探索宇宙的大尺度结构。

工业革命 18 世纪到 19 世纪期间，商品和食物的生产方式发生巨大变化，对英国民众的生活状况产生了极大影响。随后，作为人类历史上的一个重要转折点，工业革命从英国蔓延到欧洲、美国和全世界。

光速 光速为 299,792,459 米／秒，或者说约 30 万公里／秒。一天之内，光大约能在太阳和地球之间往返 173 次。

超巨星 质量最大的恒星。超巨星颜色各异，从年轻的蓝色超巨星到年老的红色超巨星，如参宿四。

超新星 恒星爆炸时发出极为耀眼的光，把恒星的绝大部分物质向外抛射到周围的星际。

超音速 速度超越音速，即 343 米／秒。

虫洞 一个理论上的时空特征。虫洞是穿越时空的"捷径"，旅行者通过这个隧道在两点之间进行高速旅行。

赫伯特·乔治·威尔斯（1866–1946） 英国作家，以科幻小说闻名于世。赫伯特与法国作家儒勒·凡尔纳一起，被称为"科幻小说之父"。

中子星 在自身引力作用下坍塌的恒星，几乎完全由中子（不带电荷的粒子）构成。把地球上所有的人压缩至一块方糖大小，其密度就跟中子星的密度差不多。

万亿 一百万的一百万倍（1,000,000,000,000）。

索引

深度阅读

推荐书目

《太空跳跃》 马克·布雷克 著
Space Hoppers—Mark Brake

《未来世界》 马克·布雷克 著
FutureWorld—Mark Brake

《亲眼所见：时间与空间》 约翰·格里本 著
Eyewitness:Time and Space—John Gribbin

《时间的皱褶》 玛德琳·L 恩格 著
A wrinkle in time—Madeleine L'Engle

《空间、黑洞及其他》 格伦·墨菲 著
Space,Black Holes and Stuff—Glenn Murphy

《阿尔伯特叔叔的时间和空间》 拉塞尔·斯坦纳德 著
The Time and Space of Uncle Albert—Russell Stannard

如何做到像科学家一样思考

这里有五条建议，以供你在形成科研观点时学会像科学家一样思考：

1.尽可能去获得独立的事实证据，不夹杂任何偏见，就如你亲眼所见一样。

2.好好考虑自己理论的证伪环节。它经得起推敲吗？

3.通过观察和实验不断测试你的理论。其他研究者能重复得到你的数据吗？

4.换一种理论试试，总之多尝试。不要一根筋只会盯住蹦进自己脑子里的第一个想法。

5.邀请其他研究者来挑战自己，尽量批驳自己的观点，看能否找到理论的漏洞。在事实数据和观察的基础上进行学术争论，是科学家的典型做法。

请记住，当科学的研究者并不傻。宇宙需要科学家。

当科学家很酷。

参考网址

美国国家航空航天局
http://spaceplace.jpl.nasa.gov/en/kids/

欧洲航天局
www.esa.int/esaKIDSen/

英国广播公司
www.bbc.co.uk/science/space/